AF591447

EXPOSÉ

HISTORIQUE ET DESCRIPTIF

DE

L'ÉCOLE FORESTIÈRE DES BARRES

PRÈS DE NOGENT-SUR-VERNISSON

(LOIRET)

EXPOSÉ

HISTORIQUE ET DESCRIPTIF

DE

L'ÉCOLE FORESTIÈRE DES BARRES

PRÈS DE NOGENT-SUR-VERNISSON

(LOIRET)

PAR M. DE VILMORIN

Membre de la Société impériale et centrale d'agriculture de France, correspondant de l'Institut.

EXTRAIT DES MÉMOIRES DE LA SOCIÉTÉ IMPÉRIALE ET CENTRALE D'AGRICULTURE DE FRANCE. — ANNÉE 1862.

PARIS

TYPOGRAPHIE ET LITHOGRAPHIE FÉLIX MALTESTE ET Ce.

RUE DES DEUX-PORTES-SAINT-SAUVEUR, 22.

1874

AVANT-PROPOS

La Société impériale et centrale d'agriculture de France a perdu, en mars 1862, son vénérable doyen, dans la personne de M. de Vilmorin, correspondant de l'Institut. Le Bureau de la Société s'est aussitôt occupé de la réunion des renseignements et documents qui doivent servir à composer la notice historique de cet honorable collègue. Ayant appris que M. de Vilmorin avait écrit l'histoire et la description de la remarquable école agricole et forestière qu'il a créée aux Barres, département du Loiret, le bureau de la Société a demandé et obtenu de la famille la communication de ce précieux manuscrit et la permission de le publier dans ses *Mémoires*. Nous avons lieu d'espérer que cette première partie du dernier travail de notre vénéré collègue, interrompu par sa mort, pourra être suivie de plusieurs autres chapitres dont les matériaux existent et ne réclament plus que quelques soins de coordination.

INTRODUCTION

Le travail dont je publie ici la première partie a pour objet de rendre compte d'observations recueillies, pendant une longue suite d'années, sur les arbres composant la collection forestière que j'ai réunie sur ma propriété des Barres.

Les études de ce genre sont, aujourd'hui, d'un beaucoup plus grand intérêt pour la France qu'elles ne l'ont été à aucune autre époque.

Les forêts qui, autrefois, couvraient une grande partie de son territoire sont, sinon entièrement détruites, du moins réduites dans une telle proportion, que leurs produits sont de beaucoup au-dessous des besoins actuels.

Depuis longtemps déjà, la France est tributaire de l'étranger pour une partie considérable des bois nécessaires à l'entretien de sa marine militaire, et particulièrement des bois de mâture. Pendant presque toute la durée du siècle dernier, il ne s'est employé, pour les bâtiments de l'État, d'autres mâtures que celles qui nous venaient des ports de la Baltique, et principalement de Riga. Aujourd'hui que les pièces de très-grandes dimensions, propres à cet usage, sont devenues d'un prix excessif, nous sommes obligés de tirer des États-Unis une grande partie de notre approvisionnement.

Cet état de choses est non-seulement très-onéreux pour le Trésor, mais pourrait devenir très-grave dans le cas d'éventualités qu'il est nécessaire de prévoir.

La France, par le seul fait de sa position géographique, avec ses 500 lieues de côtes sur deux mers, avec ses colonies et l'Algérie, avec son commerce lointain à protéger sur tous les points du globe, ne peut pas éviter d'être une puissance maritine de premier ordre; c'est une des conditions obligées de son existence. Elle ne peut pas plus se passer d'une force navale imposante que d'une armée de terre.

Mais, pour construire et entretenir de nombreux bâtiments de guerre, il faut qu'elle puisse trouver au besoin, sur son propre sol, les bois de construction nécessaires.

Les parties du sol forestier conquises par l'agriculture sont absolument acquises à celle-ci, et ne peuvent recevoir une autre destination. Mais la France possède encore des ressources considérables autres que celles-là. Ainsi, une grande partie de ses montagnes est aujourd'hui dépouillée de ses forêts; la nécessité de leur reboisement est reconnue par tout le monde comme une mesure indispensable et urgente; d'ailleurs, des centaines de milliers d'hectares, dans une partie de l'ouest et du centre de la France, sont restés jusqu'ici dans un état presque complet d'improduction, et seraient susceptibles de porter de belles futaies d'arbres résineux. C'est sur ces terrains et au moyen de l'emploi de ces essences résineuses, et particulièrement des Pins, qu'il s'agirait de reconstituer notre sol forestier. Mais c'est ici surtout que la connaissance des différentes espèces de Pins, et de leurs principales variétés, devient importante; on peut, en effet, selon que l'on emploie l'une ou l'autre d'elles, créer, sur le même sol, des forêts d'une très-faible ou d'une très-grande valeur.

Cette proposition s'applique particulièrement au Pin silvestre.

Dans la plupart des boisements en essences résineuses, exécutés sur une grande échelle dans le Maine, sur quelques points de la Bretagne, et plus récemment en Sologne, c'est au Pin maritime que l'on s'est adressé de préférence, parce que son accroissement est prompt, sa réussite facile, sa graine abondante et à bon marché; mais il est connu de tous les forestiers que le Pin silvestre est susceptible de fournir des produits infiniment supérieurs en qualité, en dimension et en valeur, à ceux que l'on peut obtenir du Pin maritime; aussi a-t-on commencé, de nos jours, à l'employer, ou du moins à l'essayer concurremment avec celui-ci. Il existe à son sujet, toutefois, une question très-importante à résoudre, la question du Pin de Riga et celle des variétés du Pin silvestre; elle sort du domaine de la botanique proprement dite et rentre dans celui de la botanique économique, celle qui a pour objet la distinction des races et des variétés. La culture comparative, sur le même terrain, des arbres dont il s'agit de constater la différence ou l'identité, c'est ce que j'ai entrepris et ce dont j'ai complété l'exécution, ainsi qu'on le verra plus loin, par les détails statistiques relatifs à ces espèces.

J'ai réuni, par massifs plus ou moins étendus, selon leur importance, les Pins silvestres de toutes les variétés indiquées par les auteurs, et toutes celles qui, à un titre quelconque, m'ont paru pouvoir figurer utilement dans cette collection. Quant aux Pins de Riga, je ne me suis pas borné à un seul lot; indépendamment des graines que je me suis procurées du Nord, par les sources les plus sûres, partout où j'ai eu connaissance, en France, de plantations anciennes, connues ou présumées avoir la même origine, j'ai fait en sorte d'obtenir des graines ou des plants qui, ajoutés aux lots d'introduction directe, fournissaient des moyens de plus d'étudier la question.

Ces plantations ont eu spécialement pour objet la solution de nombreuses questions de botanique et d'économie forestière, dont quelques-unes sont d'une grande importance pour la France. Commencées, il y a trente-trois ans, dans cette vue et augmentées depuis chaque année, elles forment aujourd'hui une des collections de ce genre les plus intéressantes et les plus utiles qui existent probablement dans aucun pays. Elles comprennent, entre autres espèces, une réunion de trente lots et plus de Pins silvestres, d'autant de provenances différentes, destinés à l'étude des variétés de cette espèce, et particulièrement des Pins de mâture ou Pins de Riga, d'origine absolument certaine, plantés en regard des autres variétés du Pin silvestre et au moyen desquels pourront être éclairés les doutes qui ont subsisté jusqu'à présent sur cet arbre si important pour les constructions navales; une école des ***Pinus mugho, pumilio*** et ***uncinata***, complément nécessaire au point de vue des études forestières; tous les Pins de la série des ***Laricios***, arbres d'un grand intérêt en silviculture, mais au sujet desquels il existe aujourd'hui dans les livres beaucoup de confusion. Les massifs de cette série forment une des plus belles parties des plantations des Barres; une variété jusqu'ici peu connue, le Laricio de Calabre, s'y fait remarquer par sa grande vigueur et sa beauté; comme aussi le Pin des Pyrénées, très-bel arbre d'une introduction récente; une plantation de Cèdres du liban élevés rustiquement parmi des Pins et qui commencent à se bien développer; la collection des Chênes forestiers de l'Amérique septentrionale, parmi lesquels les plus importants, tels que le Quercitron, le Chêne rouge, etc., y sont établis par grands massifs; des plantations de Noyers d'Amérique, de Bouleau à canot, d'*Alnus cordata* et d'autres arbres exotiques, dont les qualités et la végétation sur le sol de la France n'ont pu être encore reconnues, faute d'une multiplication suffisante; des plantations de divers Chênes, particulièrement des écoles de Chênes d'Europe et d'Asie, notamment des *Quercus fastigiata*, *Cerris, Tozza*, *Ægilops* ou *Velani;* sur les avenues et les bordures, quelques variétés nouvelles et remarquables de Peupliers, etc.

Ces plantations, sinon complètes, au moins très-étendues, fourniront à la science et à la pratique de grands moyens d'étude. L'opinion, à ce sujet, des forestiers et des agronomes distingués qui les ont visitées, les publications dont elles ont été l'objet de la part de MM. Moll, Puvis et Philippar, m'ont fait une loi d'en publier la statistique. En ayant, en quelque sorte, pris à l'avance l'engagement, je le remplis, aujourd'hui, avec d'autant plus de sécurité de conscience, que ma conviction à cet égard a toujours été d'accord avec celle qui m'était exprimée. En effet, pour que des plantations de cette nature répondent à leur destination finale ou aient la chance de le faire (en supposant qu'il leur soit donné d'arriver à leur terme), il faut que tous les lots dont elles se composent puissent être retrouvés facilement et sûrement sur le terrain, même après que ceux qui ont concouru à leur établissement ne seront plus sur cette terre.

CATALOGUE GÉNÉRAL

DES

ARBRES COMPOSANT LES PLANTATIONS DES BARRES

PREMIÈRE PARTIE

ARBRES RÉSINEUX

PIN SILVESTRE (*P. SILVESTRIS*).

I. GRAINES DE RUSSIE.

1 Pin de Riga, graine de Riga, par M. Zigra.
2 — — par M. Helmund.
3 — de Smolensk, par M. Wagner.
4 — de Witepsk, id.
5 — de Wilna, id.
6 — de Tschernigoff, id.
7 — de Wolhynie, par M. Cam. Piotrowski.

II. GRAINES DE FRANCE.

8 Pin de Riga, graine des Barres, des lots Zigra et Helmund.
9 — de la plantation Cafarelli, au port de Brest, par M. Ferdinand Noël, du jardin botanique de Brest.
10 — de M. Pennanech, de Morlaix.

11 Pin de Riga de M. Poussou d'Hollande.
12 — de M. Batbedat.
13 Pin silvestre d'un arbre du jardin de M. Picot-Lapeyrouse, de Toulouse ; envoi de M. Ferrières.
14 — graine d'un arbre élancé de M. Vilmorin, à Verrières.
15 Pin d'Haguenau, graine tirée d'Haguenau.
16 Pin silvestre de Louvain, par M. Stappaert.
17 — de Darmstadt, par M. Keller.
18 Pinus silvestris montana, de Darmstadt, par le même.
19 Pin d'Ecosse, de M. J. Reid d'Aberdeen.
20 — de M. William Malcolm.
21 — ordinaire de M. Lawson.
22 — horizontal, du même.
23 Pin silvestre de Champagne, de M. le vicomte Ruinart de Brimont.
24 — graine d'un sujet pyramidé de Verrières.
25 — graine d'un sujet à branches étalées de Verrières.
26 Pin de Genève, par Mme Ve Fillìol, de Genève.
27 Pin de Tarare, par M. Posuel de Verneaux.
28 Pin de l'Ardèche, par M. Jacquemet-Bonnefont.
29 Pin silvestre, graine du Maine, par M. Vétillart.
30 — des Hautes-Alpes, par M. Faure, de Briançon.
31 — de Valence (Drôme).
32 — par M. Leblond, de Bordeaux (donné comme Riga présumé).
33 Pinus sanguinea, de M. Ferrières.
34
35

PIN MUGHO ET ANALOGUES; PINUS MUGHO; P. PUMILIO; P. UNCINATA.

36 Pin mugho, du Valais, par M. Thomas, de Bex.
37 — de la Maurienne, de M. Burdin, de Chambéry.

38 Pin mugho, graine des arbres de la Malmaison.
39 — pépinière de M. Soulange, à Fromont.
40 Pin suffis, de M. Lagier, de Grenoble.
41 — des Hautes-Alpes, de M. Brochier, de Gap.
42 Pin pumilio, du Valais, de M. Burdin, de Chambéry.
43 Pinus uncinata de la Maurienne, de M. Burdin.
44 — des Pyrénées, par M. Paul Boileau.
45 Pin mugho élancé, provenant d'un lot de M. Burdin.
46 — graine d'un sujet de Verrières, à tige unique.

PIN MARITIME (*P. MARITIMA*), Poiret, De Cand.; P. PINASTER.

47 Pin maritime, du Maine.
48 — de Bordeaux.
49 Pinus Pinaster, de Belgique, par M. Hubert, de Waterloo.
50 Pin maritime, de Corte, par M. Vétillart.
51 Pin Pignon (*Pinus Pinea*).

PIN LARICIO (*PINUS LARICIO*) et analogues.

I

52 Pin laricio, de Corse.
53 — de Calabre ou du mont Sila, par M. Em. Thomas.
54 — — par M. Tessier.
55 — — graine des Barres, des sujets de M. Thomas.
56 — — du mont Etna, par le baron de Friddani.
57
58
59

II

60 Pin de Caramanie, deuxième génération de graines rapportées du Levant par Olivier.
61 Pin de Tauride (*P. taurica*), par M. Hartwiss de Nikita.

62 Pin d'Autriche (*P. austriaca*, *P. nigrescens*); graines tirées d'Autriche et de Hongrie.
63
64
65 Pin des Pyrénées (*P. pyrenaica*, Picot-Lapeyrouse, (*P. hispanica*, cap. Cook), par M. Boileau, pharmacien à Bagnères-de-Luchon.
66 Pin de Montpellier (*P. monspeliensis*, Saltzmann).
67 Pin rouge du Canada (*P. resinosa*, Ait.; *P. rubra*, Mich.), par M. Perkins, de Boston.
68
69

PINS DIVERS.

70 Pin d'Alep, P. de Jérusalem (*P. halepensis*).
71 Pin de Tenore (*P. brutia*), par M. Tenore.
72 Pin rapporté du Levant par M. Balansa.
73 Pinus pinea abasica.
74 Pinus Paroliniana, Visiani, par M. Parolini.
75 Pinus cembro.
76 Pinus mitis; P. variabilis.
77 Pinus inops.
78 Pinus pungens.
79 Pinus rigida.
80 Pinus tæda.
81 Pinus australis.
82 Pinus Sabiniana.
83 Pinus ponderosa.
84 Pinus Llaveana.
85 Pinus tuberculata.
86 Pinus strobus.
87 Pinus excelsa.
88 Pinus abchasica.
89 Pinus Smithiana.

SAPIN (*ABIES*).

90 Sapin epicea, S. de Norwége (*Abies excelsa*).
90 *bis*. Sapin epicea, lot de graines envoyées de Russie comme Pin de Riga.

91 Sapin epicea élancé ; un individu né dans le lot 90 *bis* ci-dessus.
92 Abies morinda.
93 Sapinette blanche (*Abies alba*).
94 — noire (*Abies nigra*).
95 Hemlock spruce ; Sapinette à feuille d'If.
96 Sapin commun ; S. argenté ; S. des Vosges (*Abies pectinata*).
97 Abies pichta, Forb.
98 Sapin baumier de Giléad.
99 Abies Webbiana.
100 Pinsapo (*Abies pinsapo*).
101 Sapin de Céphalonie (*Abies cephalonica*).
102 Abies Apollinis.
103 — Nordmanniana.
104 — cilicica.
105 — Smithiana.
106 Cunninghamia lanceolata ; C. sinensis, Richard (*Abies lanceolata*).
107 — lanceolata glauca (*Abies lanceolata glauca*).
108 Araucaria imbricata.
109
110 Mélèze d'Europe.
111 — d'Amérique (*Larix microcarpa*).
Mélèze *Larix microcarpa* de Sibérie (174 Verrières).
— — — (175 Verrières).
— — Larix sibirica (171 Verrières).
— — — dahurica (172 Verrières).
112 Cèdre du Liban.
113 — de l'Atlas.
114 Cedrus deodara.
115 Taxodium distichum ; Cyprès chauve, Cyprès de la Louisiane.
116 — distichum ; variété à feuilles dressées, dite de la Chine.
117 — sempervirens (*Sequoia sempervirens*).
118 Cryptomeria japonica.
119 Cupressus sempervirens ; Cyprès pyramidal.

120 Cupressus expansa; Cyprès horizontal.
121 — thuioides.
122 — torulosa.
123 Thuia de Tartarie (*Thuia orientalis*), var.
124 — de Canada (*Thuia occidentalis*).
125 Genévrier de Virginie; Cèdre de Virginie (*Juniperus virginiana*).
126 Juniperus excelsa, Leroy.
127 — sinensis, id.
128 — thurifera, id.
129 — communis, variété élancée, des Barres.
130 Taxus erecta.

DEUXIÈME PARTIE

ARBRES A FEUILLES CADUQUES, OU BOIS FEUILLUS

CHÊNES D'AMÉRIQUE.

1 Quercus alba.
2 — olivæformis.
3 — macrocarpa.
4 — obtusiloba.
5 — lyrata.
6 — Prinus discolor.
7 — — palustris.
8 — — monticola.
9
10
11 — rubra.
12 — ambigua, rubra de M. de Fougeroux, plantation de Duhamel, à Vrigny.

13 Quercus coccinea.
14 — palustris.
15 — tinctoria.
16 — ferruginea.
17 — falcata.
18 — triloba.
19 — Banisteri.
20 — Catesbæi.
21 — phellos.
21 *bis*. — phellos à large feuille.
22 — heterophylla.
23 — imbricaria.
24 — cinerea à feuille caduque.
25 — cinerea à feuille persistante.
26 — aquatica.
27 — aquatica laurifolia.
28 — virens.
29
30

CHÊNES D'EUROPE ET D'ASIE.

31 Chêne pédonculé; C. à grappe (*Quercus pedunculata*).
31 *b*. — à très-gros gland.
31 *c*. — à feuille pétiolée.
32 — pyramidal; C. cyprès (*Q. pedunculata fastigiata*).
33 Chêne sessile; C. rouvre; C. durelin (*Q. sessiliflora*, Lam.; *Q. robur*, *β sessilis*, L.).
33 *b*. Chêne sessile à longues feuilles planes.
33 *c*. Chêne sessile à glands doux.
34 Chêne sessile à trochets.
35 — tauzin (*Q. tauza*).
36 — — des Landes.
37 — — du Maine; Chêne brosse.
38 — — de Coulions (Loiret); Ch. Crau; Ch. blanc.
39 — pubescent (*Quercus pubescens*).

40 Chêne cerris; Ch. Doucier (Anjou).
41 — — de Bourgogne, forêt de Quincy (*Quercus crinita*).
42 — — (présumé), reçu du comte de Dijon, sous le nom de pseudo-Suber.
43 — — lacinié.
44
45 Chêne velani (*Quercus ægylops*).
46 — zang; Ch. de Bône (*Quercus Mirbeckii*).
47 — de M. de Montbron (à reconnaître), donné pour macrocarpa, mais ne l'étant pas.
48 — de Turner? (*Quercus Turneri*); reçu du comte de Dijon, comme *pseudo-Suber*.
49
50
51
52 Chêne vert (*Quercus ilex*).
53 — du parc de Fontainebleau
54 — variété à feuille courte, présumé *Q. Ballota*, par M. Webb.
55 — à feuille entière (*Q. ilex integrifolia*), Bosc.
56 — à large feuille; reçu de M. Leroy, sous le nom de *Q. virens rotundifolia*.
57 — présumé hybride, de M. Souchet.
58 — *Fordii fastigiata*, par M. Leroy.
59 — à glands doux d'Espagne (*Quercus Ballota*).
60 — à glands doux d'Alger.
61 — liége (*Quercus Suber*).

NOYERS D'AMÉRIQUE.

Juglans nigra.
— cathartica.
— alba; Noyer Hickory.
— — à très-larges feuilles.
— porcina.
— — à pétioles violets.
— amara.

Juglans sulcata.
— filiformis.
— olivæformis ; Pacanier.

NOYERS D'EUROPE.

Noyer hétérophylle de M. de Montbron.
— précoce de M. Janin.
— tardif, *ou* de la Saint-Jean.

BOULEAUX.

Bouleau commun (*Betula alba*).
— à feuille de Peuplier d'Amérique (*B. populifolia*); paraît identique à *B. alba*.
— de Sibérie (*B. dahurica*), de madame Adanson.
— à canot (*B. papyracea*).
— merisier (*B. lenta*).

AUNES.

Aune à feuille en cœur (*Alnus cordata*), de la Calabre, par M. Em. Thomas.
— à feuille ronde (*A. rotundifolia*), de Calabre, par le même.
— commun (*A. glutinosa*).
— à feuille dentée (*A. serrulata*), par mad. Adanson.
Alnus barbata, de Russie (espèce nouvelle).

PEUPLIERS.

Peuplier d'Italie.

PEUPLIER DE VIRGINIE, P. SUISSE (*P. VIRGINIANA*).

VARIÉTÉS ET LOTS DIVERS PLANTÉS POUR COMPARAISON.

Peuplier suisse ordinaire pyramidé.

Peuplier suisse ordinaire hâtif à la pousse, à cime plus épaisse et moins élancée. P. blond, B. des cahiers de plantation.

— — de Dordive, provenant de deux arbres d'une force remarquable existant près de Dordive.

— — blond ; P. de Maryland (*P. marylandica*, Bosc); (variété à feuille allongée); P. suisse blond, A. des cahiers de plantation.

— — blond à feuille plus courte.

— — — femelle.

— — à écorce rude ; variété à classer ; provenance inconnue.

Peuplier du Canada (*P. canadensis*).

— de la Caroline (*P. angulata*).

— noir ; P. des prés ; P. commun ; franc picard ; *P. nigra*.

— de la Vistule ; *P. nigra*, var.? de M. Noisette.

— osier de M. Tschudi ; *P. nigra*, var. *viminalis*.

— d'Athènes (*P. lævigata*).

— de l'Ontario (*P. ontariensis*).

PEUPLIER BLANC; BLANC DE HOLLANDE; YPRÉAU; GRISAILLE (*POPULUS ALBA ; P. CANESCENS*).

VARIÉTÉS EN LOTS DIVERS.

Peuplier blanc de Hollande ordinaire ; race de choix de M. Pichaud, de Château-Renard (Loiret); Pichaud, A. des cahiers de plantation.

— — — ordinaire, à feuille plus ronde et blanche ; grisard, provenant aussi de Château-Renard ; Pichaud, B. du cahier des plantations.

Peuplier ypréau de Flandre, donné par M. le comte Dubois comme la race cultivée aux environs d'Ypres.
— bleu envoyé par M. Rameau, de Lille.
— blanc de Hollande, élancé, à gros bourgeon.
— cotonneux ; blanc de Hollande argenté ; P. à feuilles d'Érable ; P. aubier, en Poitou ; *P. nivea*, Willd.; *P. alba*, Loud.

FRÊNES ET ÉRABLES

Frêne commun (*Fraxinus excelsior*).
— présumé *F. lentiscifolia*, par le colonel Elorza.
— blanc d'Amérique (*F. alba*).
— à feuille d'Aucuba, un sujet donné par M. A. Leroy.

Érable de Naples (*Acer neapolitanum*).
— champêtre.
— duret des Vosges (*Acer opulifolium*).
— opale.
— de Tartarie.
— de Virginie.
— sycomore.
— plane.
— de Montpellier.
— à feuille de Frêne (*Acer Negundo*).

ARBRES FORESTIERS DIVERS

Saule-marceau à large feuille de Champagne, par M. Rougier de la Bergerie (*Salix caprœa latifolia*).
Saule à cinq étamines (*S. pentandra*).
— rouge de Belgique, de M. Bortier.
— Osier de M. de Montbron, par M. le comte Odart.

Orme commun (*Ulmus campestris*).
— tortillard de Brie (*Ulm. camp. tortilis*).
— rouge du Gâtinais, ou à feuille de Cerisier.
— géant.
— crête-de-coq.
— pédonculé (*Ulm. pedunculata*).

Planera crénelé ; Zelkoua (*Planera crenata*).

Hêtre commun.

Noisetier de Byzance.

Platane d'Occident.

Vernis du Japon.

Robinier faux Acacia ordinaire (*Robinia pseudo-Acacia*).
— — à bois jaune.
— (*Robinia spectabilis*); Acacia sans épines, greffé.
— (*Robinia spectabilis*), affranchi par boutures.
— — sujets de graine peu épineux, destinés à l'affranchissement par générations successives.
— visqueux ; Acacia visqueux (*Robinia viscosa*). franc de pied.
— — sujet de semis.

Cytise des Alpes ; faux Ébénier (*Cytisus laburnum*).

Sophora du Japon.

Févier d'Amérique (*Gleditschia triacanthos*).
— — sans épine.
— de la Chine.

Virgilia lutea.

Merisier des bois (*Cerasus avium*).

Griottier des Vosges.

Cerisier de Virginie (*Cerasus* [*Padus*] *virginiana*).
— Mahaleb ; Sainte-Lucie (*Cer. Mahaleb*).
— Azarero ; Laurier de Portugal (*Cer. lusitanica*).

Prunier mirobolan (*Prunus mirobolana*).
— cocomille (*P. cocomilla*).
— briançonnais (*P. brigantiaca*, Vill.).

Alisier des bois.
— de Fontainebleau.

Broussonetia, Mûrier à papier.

Mûrier blanc.
— multicaule.

Maclura, bois d'arc (*Maclura aurantiaca*).

Micocoulier d'Amérique (*Celtis occidentalis*).
— de Provence (*C. australis*).

Tulipier (*Liriodendron tulipifera*).

Magnolia grandiflora.
— acuminata.
— cordata.
— umbrella.

Gingko biloba (*Salisburia*).

Tilleul argenté.
— d'Amérique.

Plaqueminier de Virginie (*Diospyros virginiana*).

Nyssa.

Paulownia.

Kœlreuteria.

Sorbier des oiseaux.
— d'Amérique.

ARBRISSEAUX ET ARBUSTES.

Halesia tetraptera.

Cornus florida.

Genêt blanc ; G. de Portugal.

Cirier de Pensylvanie (*Myrica pensylvanica*).

Pavia macrostachya.

ARBRES FRUITIERS CHAMPÊTRES.

Châtaignier commun.
— Marronnier primitif de M. de Montbron.
— du Luc et autres variétés.
— hétérophylle de M. de Montbron.
— — d'un semis fait à Verrières.
— d'Amérique.
— Chincapin, race améliorée de W. Prince.
— — variétés à gros fruits obtenues aux Barres du semis précédent.

Cormier.
— à gros fruit.

Alisiers, Mérisiers, Noisetiers, Noyers et Pruniers. — (*Voyez* pages 20, 21, 24 et 25.)

OBSERVATIONS PRÉLIMINAIRES

SUR LA

QUESTION DU PIN SILVESTRE

Des diverses questions dont je me suis proposé de préparer la solution par les plantations des Barres, aucune n'est plus importante, au point de vue pratique, que celle des variétés du Pin silvestre.

Il n'en est pas, en même temps, sur lesquelles on trouve, dans les livres, des notions plus contradictoires et parfois plus inexactes; aussi serai-je obligé, avant d'exposer les observations directes dont j'ai à rendre compte, d'entrer à son sujet dans d'assez longs détails préliminaires. C'est une nécessité fâcheuse, mais que la situation actuelle de la question rend inévitable.

Le premier point étant que celle-ci soit bien comprise, je dirai d'abord en quoi elle consiste et d'où elle est née.

J'exposerai ensuite les principales opinions émises à son sujet, m'arrêtant à celles qui, établissant des erreurs essentiellement nuisibles en pratique, demandent à être discutées; puis enfin j'arriverai au travail spécial qui est l'objet principal de ce mémoire, c'est-à-dire à l'examen de la collection que j'ai réunie aux Barres.

Le Pin silvestre, le plus répandu de ceux qui forment

les forêts résineuses de l'Europe et du nord de l'Asie, est en même temps l'un des meilleurs et des plus utiles. Rustique et peu difficile sur le terrain, il réussit dans les sables trop humides et les situations trop *gelables* pour le Pin maritime, et, par un contraste remarquable, sur les sols calcaires ou crayeux où celui-ci ne peut vivre. Son bois, fort et de longue durée, en même temps que léger et élastique, est d'un très-grand emploi dans les constructions civiles et navales, car c'est lui surtout qui fournit ces excellentes mâtures du Nord, dont aucun autre Pin ou Sapin n'offre d'équivalent, et qui peut-être n'en a pas parmi les autres essences.

Mais, à côté de ces qualités remarquables, cet arbre présente une particularité qui tend à diminuer son mérite et qui a jeté beaucoup de confusion sur ce qui le concerne; c'est d'être sujet à varier et à différer de lui-même à un point tel, que rien de semblable n'existe peut-être dans aucune autre espèce.

Ainsi, tandis que, dans les forêts de la Russie et de la Lithuanie, il acquiert la dimension des plus grands Sapins et fournit des tiges admirables qui, vendues dans nos ports et dans ceux de l'Angleterre, sont payées depuis 1,000 jusqu'à 5,000 francs et plus, une grande partie des Pins silvestres qui croissent dans les montagnes de la France, de la Suisse et de l'Allemagne sont des arbres médiocres, mal conformés, impropres souvent à fournir même une pièce de charpente passable, enfin ne ressemblant en rien, par leurs dimensions et leurs qualités, à ceux dont il vient d'être parlé.

Cette extrême diversité du Pin silvestre, observée dès le milieu du siècle dernier, a donné lieu, à son sujet, à des questions et des doutes sur lesquels les opinions ont été, et sont encore aujourd'hui, très-partagées. Les uns ont pensé que le Pin ou Sapin d'Écosse, comme on l'appelait alors, ne formait pas une seule espèce, ainsi qu'on le croyait assez généralement, mais en composait plusieurs, que l'on avait mal à propos réunies jusque-là; ils en ont, sur ce pied, décrit et nommé deux ou un plus grand nombre ; d'autres ont expliqué cette diversité de l'espèce par l'existence de variétés ou de races qui se reproduisaient dans les générations successives ; d'autres enfin, rejetant toute distinction de cette nature, ont soutenu que les différences, si grandes qu'elles fussent, qui se voyaient entre les Pins silvestres, tenaient uniquement au sol, au climat et à l'influence des circonstances extérieures.

Ces opinions contraires ont été, depuis près d'un siècle, souvent reproduites sans que cela ait élucidé la question, elle s'est même plutôt embrouillée et compliquée par les discussions, et reste encore presque entière à résoudre.

A la vérité, on admet à peu près généralement de nos jours l'unité de l'espèce et l'existence des variétés ; tout le monde connaît, au moins de nom, le Pin de Riga, le Pin d'Haguenau, le Pin d'Écosse, etc. Mais, si l'on cherche dans les livres les moyens de reconnaître les caractères par lesquels ils diffèrent entre eux, on ne les y trouve pas ; ce sont des indications vagues, ou bien, ce qui est pire, des descriptions botaniques qui, sous leur forme précise et scientifique, sont inexactes et démenties à chaque instant par les arbres mêmes, lorsqu'on en essaye l'application sur un certain nombre de sujets non semblables : ceci a été dit, ou à peu près, à l'occasion du marquis de Chambray.

Une semblable incertitude, dans un sujet essentiellement pratique, est évidemment fâcheuse et nuisible ; elle l'est plus que jamais aujourd'hui que, par une conséquence naturelle de la situation forestière de la France, la culture des Pins est appelée nécessairement à y prendre une extension considérable, et que, d'un autre côté, le Pin silvestre, plus apprécié qu'il ne l'a été précédemment, commence à être associé au Pin maritime ou même à le remplacer dans la création des plantations de bois résineux. La nécessité est donc évidente d'arriver, à son sujet, à des notions plus précises que celles qui ont existé jusqu'ici.

Les Anglais nous ayant devancés de beaucoup dans la culture du Pin silvestre, c'est chez eux aussi qu'ont été remarquées les différences singulières entre les individus de cette espèce. La première observation consignée dans les livres se trouve, au rapport de Loudon, dans le *Traité sur les Arbres forestiers*, publié en 1760 par un grand propriétaire écossais, le comte d'Haddington.

Voici ce qu'il dit à ce sujet :

« Quoique j'aie entendu assurer qu'il n'existe qu'une espèce de Pin d'Écosse, et que les différences qui se voient dans le bois de ces arbres, lorsqu'on les débite, sont dues uniquement à leur âge et aux terrains dans lesquels ils ont crû, je suis cependant convaincu qu'il en est autrement, et en voici la raison. Lorsque j'ai fait abatire, parce qu'ils étaient trop près de la maison, des Pins plantés par mon père, il vivait encore ici quelques hommes qui se rappelaient de les avoir vu élever; la graine avait été semée dans une seule et même planche, les plants repiqués en pépinière; plus tard, plantés à demeure le même jour. Lors, dis-je, que j'ai coupé les arbres, j'ai vu que les uns avaient le bois blanc et spongieux, tandis que d'autres l'avaient rouge et dur, et cela à quelques jours de distance seulement. Cette remarque m'a engagé, ainsi que je l'ai dit précédemment, à ne cueillir mes cônes que sur les arbres les plus rouges. »

C'est une chose fort remarquable que le premier observateur qui se soit occupé de cette question, ait mis justement le doigt sur la solution la plus vraie, dans mon opinion du moins: quant au principe, d'abord, en reconnaissant qu'il existait des variétés naturelles, indépendantes de l'influence du sol et du climat; puis, quant à l'application pratique, en choisissant entre deux variétés, l'une bonne, l'autre mauvaise, la première seule pour la reproduction.

On pourrait dire que ces deux idées du comte d'Haddington renferment tout entière, théorie et pratique, cette grande et belle question de la variation spontanée des espèces appliquées aux besoins de l'homme et à l'avancement de l'économie rurale.

En France, où la question a surgi un peu plus tard, elle a été bien plus controversée qu'en Angleterre ; les botanistes sont intervenus, et chacun l'a décidée à sa manière. Bosc, en étudiant les Pins silvestres, a cru y trouver quatre types bien distincts qu'il a décrits comme autant d'espèces : 1° le Pin silvestre proprement dit ; 2° le Pin d'Ecosse ; 3° le Pin de mâture ou de Riga ; 4° enfin celui de Genève ou de Tarare. Cette division, toutefois, n'ayant été adoptée par personne (si ce n'est à l'égard du Pin d'Écosse), je ne m'y arrête pas. Mais une autre opinion qu'il est plus nécessaire de combattre est celle qui admet, comme espèces distinctes, le P. silvestris, d'une part, et le P. rubra de Miller, de l'autre. Elle a été établie principalement par M. Deslongchamps et par M. De Candolle. Malgré, ou plutôt à cause de l'autorité que lui donnent ces deux noms, celui de De Candolle surtout, je crois devoir la combattre, dans la conviction où je suis qu'elle constitue une erreur.

La première remarque à faire est que Miller, en établissant son espèce P. rubra, n'a prétendu en rien proposer quelque chose de différent, ni de séparé du P. silvestris des auteurs qui l'ont précédé ; c'est simplement un nom nouveau que, par des raisons quelconques, il a donné à cette espèce. Les phrases de Ray, de Bauhin, de Duhamel qu'il cite comme synonymes ne laissent à cet égard aucun doute. Cependant, par une singulière erreur, le P. rubra de Miller a été considéré comme une seconde espèce faite par lui dans le Pinus silvestris. Ce fait peut s'expliquer assez naturellement par la circonstance suivante. En même temps qu'il établissait le P. silvestris sous le nom de P. rubra, Miller, presque à côté, décrivait une autre espèce sous le nom de P. silvestris, et, parmi les synonymes nombreux qu'il assigne à celui-ci, se trouve le P. silvestris n° 471, Bauhin, Pin sauvage de Genève. Pour tous lecteurs un peu prompts à juger, et il n'en manque pas de tels, même parmi les botanistes, c'était là un indice ou même une preuve évidente que Miller avait établi deux espèces dans le P. silvestris ; or, cependant, lorsqu'on lit le texte même de l'article relatif à son n° 1, on reconnaît que celui-ci n'est autre que le Pin maritime ou Pin de Bordeaux. Malgré l'évidence de ce fait, la version contraire a souvent prévalu, et quelques botanistes, ayant à traiter des Pins, ont adopté, comme distinctes, les deux espèces P. silvestris et rubra. Cette base adoptée, il fallait trouver des caractères pour ce dernier; or Miller n'en fournissait pas, puisque pour lui le P. rubra étant l'identique du P. silvestris de tous les auteurs, il lui avait appliqué les caractères de ce dernier.

De là sont sorties des descriptions, je ne dirai pas imaginaires, car sans doute elles s'appliquent à quelques individus, mais du moins n'ayant aucunement la généralité et la portée d'une description spécifique.

On en jugera par l'examen que je vais faire des caractères attribuées au P. rubra dans le *Nouveau Duhamel* et dans la *Flore française.*

Différences entre le P. rubra et le silvestris.

Citons le *Nouveau Duhamel :*

1° Le bois du premier est un peu rougeâtre; pas d'observations à faire sur ce point.

2° Les feuilles sont, en général, d'un vert presque glauque.

Il existe dans ma plantation plusieurs lots de *P. rubra* du Nord provenant de diverses provinces de la Russie, et aussi bien caractérisés que possible; leurs feuilles sont *sensiblement moins glauques* que celles des Pins silvestres communs de France, d'Allemagne, plantés comparativement auprès d'eux.

3° Les cônes sont presque toujours disposés par verticilles de 3, 4 et 5; dans les silvestres ils sont souvent 2 à 2, selon le même auteur.

J'ai bien des fois vérifié, dans tous les lots de Silvestres de l'École, le nombre des cônes d'un même point.

J'ai constamment trouvé dans tous, si différents qu'ils pussent être, des individus à 1, à 2 et à 3 cônes, fort rarement à 4; bien plus, cette variété se rencontre fréquemment sur le même arbre; une partie des branches portant des cônes solitaires, tandis que sur d'autres branches ils sont groupés par 2 ou par 3. J'ai également remarqué que sur un même arbre ce caractère varie sensiblement d'une année à l'autre, selon que la floraison apparente a eu lieu par un temps plus ou moins favorable à la fécondation. Ce caractère est donc absolument nul.

4° La partie saillante des écailles forme dans le P. rubra une pyramide plus prononcée, et le losange formé par sa base a son grand diamètre dans le sens de l'axe du cône.

Dans le P. silvestris, au contraire, le grand diamètre du losange, selon le même auteur, est horizontal.

J'ai fait, dans la vue de reconnaître les caractères, de nombreuses vérifications sur des cônes provenant d'arbres différents appartenant aux deux prétendues espèces, et voici ce que j'ai reconnu : 1° que la pyramide formée par la saillie des écailles, quoique variable dans l'une et dans l'autre, était, en général, beaucoup *moins prononcée* dans les lots de P. rubra que dans ceux du P. silvestris, ce qui est précisément le contraire de ce que dit l'auteur; 2° que, dans le même lot soit de P. silvestris, soit de P. rubra, et quelquefois sur le même arbre, le grand diamètre était tantôt dans le sens vertical, tantôt dans le sens horizontal; de sorte que ce caractère est réellement nul comme moyen de vérification spécifique.

5° Bosc et De Candolle donnent pour caractère à leur Pin d'Écosse ou P. rubra, d'avoir les jeunes pousses rouges.

Or les lots les plus francs de Pin rouge du Nord, dans mon École, sont, au contraire, remarquables par le vert tendre de leur pousse au printemps. J'ai, de plus, dans mes lots, un assez considérable lot de Pins d'Écosse venant directement de ce pays. Les arbres y sont extrêmement variés de caractères; on y trouve des types de tous les Pins silvestres possibles, moins les individus à pousse rouge, qui, loin d'y être en majorité, ne s'y rencontrent que comme de rares exceptions; la grande masse est à pousses vertes.

Miller, au reste, s'il avait reconnu ce caractère à son P. rubra, n'aurait pas manqué de le donner, et il n'en dit rien. Ce n'est donc pas là que cet auteur a dû prendre cette désignation spécifique; selon toute vraisemblance, elle n'a été pour lui que la simple traduction et l'introduction, dans le langage botanique, du nom de Pin ou Sapin rouge (red Deal), sous lequel est si généralement connu, dans les chantiers et les ports de l'Angleterre et de la Baltique, le bois du Pin silvestre provenant des forêts de la Russie et de la Lithuanie.

La conséquence de cette discussion est qu'on ne peut admettre l'espèce P. rubra comme distincte et séparée du silvestris.

Les caractères que je viens de discuter sont même tellement en dehors de la réalité, qu'ils ne pourraient servir à établir la différence du P. rubra comme race ou variété. Cette différence existe cependant; mais il s'agit de la prendre dans les caractères vrais, ce qui sera traité dans le chapitre suivant, à l'exposé de l'École.

EXPOSÉ

DE LA

COMPOSITION DE L'ÉCOLE

DES

PINS SILVESTRES

Après avoir exposé l'historique et l'état actuel de la question, il me reste à présenter le tableau de la collection que j'ai réunie dans la vue d'aider à sa solution.

Ainsi que je l'ai dit précédemment, cette collection se compose de tout ce que j'ai pu me procurer de Pins silvestres de provenances diverses. Parmi eux, j'ai dû comprendre d'abord ceux sur lesquels ont porté principalement les discussions et les doutes; ceux surtout qui, ayant reçu des noms de variétés, sont plus généralement regardés comme distincts. Le Pin de mâture ou Pin rouge du Nord, ceux d'Haguenau, d'Écosse, de Genève, ont fourni, à ce titre, le premier fond de la plantation. Le premier d'entre eux (le Pin de mâture), étant de beaucoup le plus important, c'est aussi celui dont je me suis attaché à multiplier le plus possible les moyens d'étude. A l'aide de mes relations et du concours obligeant de plusieurs amateurs français et russes, j'ai obtenu de diverses provinces de la

Russie et de la Lithuanie, renommées pour la reproduction des bois de mâture, des graines dont les produits existent aujourd'hui dans l'École.

Ces lots, d'origine directe, ont été augmentés de plusieurs autres provenant de plantations faites en France à des époques antérieures, et dont l'origine russe était bien constatée.

Enfin, dans la vue de multiplier le plus possible les moyens de comparaison, j'y ai ajouté des Pins silvestres de divers points de la France.

L'ensemble présente une réunion de trente lots. Mais je dois dire de suite, pour éviter que l'on s'en fasse une idée exagérée, que ce ne sont pas trente lots égaux de force, d'âge ou d'étendue, ni, dès-lors, exactement comparables; ils sont, au contraire, extrêmement inégaux. Les uns forment des massifs plus ou moins considérables, tandis que d'autres consistent seulement en quelques individus; leur âge est échelonné depuis dix à douze ans jusqu'à trente ans et plus; cet inconvénient a été inévitable dans une création de cette nature; pour le diminuer autant que possible, j'aurai soin d'indiquer, dans les détails relatifs à chaque lot, les différences qui peuvent influer sur l'appréciation actuelle de ses caractères.

Bases du classement adopté pour les variétés de l'École.

Je dois encore, avant de présenter la série et la description des lots, donner quelques explications sur l'ordre que j'ai suivi dans leur classement.

Les différences, soit entre individus, soit entre masses ocales, assez tranchées pour que l'on puisse fonder sure elles des distinctions de variétés, ces différences, dis-je, sont de deux sortes : celles qui se rapportent au port et à la conformation de l'arbre, et celles relatives aux caractères botaniques fournis par une ou plusieurs de ses parties ou de ses organes, cônes, fleurs, feuilles, etc.

Les botanistes qui se sont occupés de cette question si

sont, en général, attachés de préférence à cette dernière base. Je ne l'ai pas adoptée cependant, et voici pourquoi : des variétés fondées sur des différences purement ou principalement botaniques peuvent être nulles au point de vue de l'économie forestière. Ainsi, qu'un Pin silvestre ait le sommet des écailles du cône plus ou moins saillant, recourbé en crochet, à la manière du Mugho; que le grand diamètre du losange formé par ses côtés soit horizontal ou vertical; que le côté des anthères des fleurs mâles soit plus ou moins saillant; ou bien qu'il ait trois feuilles à la gaîne au lieu de deux, ce sera une variante curieuse, fort intéressante botaniquement en ce qu'elle s'écarte du caractère général de l'espèce; mais si, du reste, cet arbre et ceux qui en descendront ne présentent pas, dans leur végétation et leurs qualités physiques, de différences marquées avec ceux parmi lesquels ils vivent, l'existence de cette variété restera en dehors de toute application pratique utile, elle sera seulement un fait d'histoire naturelle intéressant.

Il en est tout autrement des distinctions fondées sur le port et la conformation des arbres. Là, les différences représentent des qualités ou des défauts, ou plutôt elles sont réellement l'un ou l'autre. Entre un Pin à tige élancée, parfaitement droite, à cime régulière, et un autre à tige courbe, noueuse, à tête diffuse et élargie, il y a la différence d'un très-bon arbre à un mauvais.

Ce mode d'établissement des variétés est donc en relation directe avec les vues de la culture forestière, et peut contribuer efficacement à ses bons résultats. Il est, sous ce rapport, préférable de beaucoup à celui dont j'ai parlé d'abord. Mais ce n'est pas son seul avantage; au lieu de caractères minutieux, souvent difficiles à saisir à la vue simple et sans le secours d'une loupe, ce sont ici des caractères d'un ordre moins relevé, vulgaires même, si l'on veut, mais facilement saisissables pour tout le monde.

Enfin une dernière considération en leur faveur est qu'ils sont au moins aussi constants que ceux d'une nature plus scientifique et plus essentiellement botanique. Je n'entends pas par là récuser ces derniers.

Ces raisons m'ont fait adopter, de préférence, ce mode de classement des variétés, lorsqu'il s'est agi de comparer entre eux et de grouper, selon leurs analogies, les lots nombreux qui forment cette école.

Classement des Pins silvestres.

La direction ascendante ou horizontale des branches m'ayant paru être le caractère qui se trouvait le plus généralement en rapport avec la qualité bonne ou mauvaise des arbres, je l'ai adopté comme base du classement des lots.

De là sont résultées deux divisions principales : 1° celle des branches ascendantes ; 2° celle des branches horizontales. Puis, quelques subdivisions étant encore nécessaires pour rapprocher certaines analogies secondaires, et obtenir des groupes moins étendus, j'en ai admis trois dans la première et deux dans la seconde, ce qui m'a donné les cinq séries ou sections suivantes :

Branches ascendantes correspondant au P. silvestris rubra.

a. Ascendantes fastigiées, ou Pin silvestre pyramidé-élancé.

b. Ascendantes écartées, à couronnes régulières.

c. Ascendantes écartées, à couronnes irrégulières et branches souvent gourmandes.

Branches horizontales correspondant au P. silvestris vulgaris.

d. Horizontales étagées.

e. Horizontales ramassées.

Ces cinq subdivisions se rapportent à des variétés locales dont les noms sont assez généralement admis; je les redonne ici *sous ces noms*, que j'adopterai de préférence comme étant plus courts et plus précis.

Branches ascendantes.

a. Pin de Riga pyramidé-élancé.
b. Pin de Riga pyramidé-élargi.
c. Pin d'Haguenau; Pin d'Allemagne.

Branches horizontales.

d. Pin de Genève élancé-étagé.
e. Pin de Genève ramassé, Pin des Hautes-Alpes ou de Briançon.

CARACTÈRES DES CINQ TYPES PRÉCÉDENTS.

Branches ascendantes.

a. Rigas pyramidés-élancés ou fastigiés.

Tige très-verticale, soutenant bien sa grosseur, souvent presque cylindrique jusqu'à moitié et plus de sa hauteur. Branches de force modérée sensiblement égales entre elles, formant une série de couronnes régulières et symétriques, dont l'ensemble, par sa forme pyramidale, rappelle le port du Peuplier d'Italie. Écorce d'un jaune rougeâtre prononcé à partir de 1 à 2 mètres au-dessus de la base.

b. Pin de Riga, pyramidé-élargi.

Le caractère principal par lequel cette section diffère de la précédente, consiste en ce que les branches, plus longues, plus fortes, plus écartées de la tige, forment une pyramide plus élargie. Les tiges, dans la plupart des lots de cette série, sont plus grosses, au même âge, que celles des pyramidés-élancés, et au moins aussi élevées; mais la proportion des arbres, parfaitement droits et réguliers, y est moindre que dans ceux-ci. La couleur de l'écorce y est aussi moins uniformément rougeâtre. Enfin, par l'ensemble de leurs caractères, ce sont des arbres de nature moins fine, moins parfaits, en général, dans leurs proportions que les pyramidés-élancés, mais plus vigoureux, et paraissant destinés à acquérir de plus fortes dimensions; c'est parmi eux surtout que doivent se trouver ces pièces de dimensions exceptionnelles qui servent à la mâture des vaisseaux de premier rang. Ils offrent donc, sous ce rapport, autant d'intérêt que ceux de la première section.

c. Pin d'Haguenau.

Plus vigoureux encore que ceux de la série précédente, le Pin d'Haguenau est cependant moins bon qu'eux; ses couronnes trop fournies et trop fortes, souvent entremêlées de gourmands, tendent à détruire la régularité de sa tige. Aussi offre-t-elle fréquemment des courbes ou des défectuosités qui, malgré ses fortes dimensions, lui ôtent une partie de sa valeur.

L'écorce est rougeâtre dans la majorité des sujets, mais non pas aussi uniformément que dans la première section, ni même que dans la plupart des lots de la seconde. Celle de la base est plus brune et plus gercée. La feuille est plus longue, plus glauque, moins appliquée contre le rameau que celle du *pyramidé-élancé;* la pousse, au printemps, est moins hâtive de huit à dix jours.

Branches horizontales.

d. Pin de Genève étagé.

Branches écartées horizontalement, quelquefois même surbaissées; généralement très-allongées et flexueuses, réunies en couronnes régulières qui laissent la tige à nu entre leurs intervalles. Celle-ci est rarement bien droite; les courbures y sont, toutefois, moins fortes que dans l'Haguenau; mais, d'un autre côté, son grossissement est moindre de beaucoup.

L'écorce est passablement rougeâtre dans quelques-uns

des lots de cette race, mais plus communément grise ou très-mélangée de gris.

La feuille est plus courte et plus large que dans les séries précédentes; la pousse, au printemps, plus tardive de huit à quinze jours.

e. Pin de Genève ramassé, Pin de Briançon.

Ces cinq divisions ne sont pas, à beaucoup près, également bonnes : la première et la dernière (le Pin de Riga pyramidé-élancé et le Pin de Briançon) offrent seules deux types absolument tranchés.

Les autres ont des caractères bien moins prononcés. Cela ne pouvait être évité et tient à la nature même de l'espèce dans laquelle les individus, aussi bien que les masses locales, diffèrent, pour ainsi dire, indéfiniment. Ainsi, entre les deux types opposés que je viens de citer, les lots de l'école forment une chaîne non interrompue de dégradations qui lient ensemble ces deux extrêmes.

Des coupures étaient cependant nécessaires, ainsi que je l'ai dit, et qu'on le verra surtout par la définition des cinq séries adoptées.

Ce cadre, tel que j'ai pu l'établir, ne suffit pas encore cependant pour placer convenablement tous les lots; un certain nombre offrent des caractères intermédiaires, mais trop peu prononcés pour que j'aie dû les admettre comme chefs de file, et augmenter ainsi par eux les divisions; d'autres n'ont aucun caractère propre, mais consistent en un mélange de plusieurs types sans prédominance marquée d'aucun. Dans ces deux cas, j'ai placé ces lots sous des titres supplémentaires, à la suite des séries dont ils se rapprochaient le plus.

Dans ce mode de classement, les deux types extrêmes, le Pin de Riga pyramidé-élancé, d'une part, et le Pin de Briançon, de l'autre, sont parfaitement tranchés; un troisième intermédiaire, le Pin d'Haguenau, quoique moins bien caractérisé, l'est cependant encore assez pour que j'aie pu l'admettre.

CLASSEMENT DES PINS SILVESTRES DE L'ÉCOLE.

I. *Branches ascendantes.*

a. Pin de Riga pyramidé-élancé.

N° 1. Pin de Riga, de M. Zigra.

N° 2. Pin — de M. Helmund.

N° 4. Pin de Witepsk, par M. Wagner.

Lots se rapprochant de cette section et de la suivante (b).

N° 3. Pin de Smolensk, par M. Wagner.

N° 5. Pin de Wilna, *id.*

N° 6. Pin de Tschernigoff, *id.*

N° 7. Pin de Wolhynie, par M. Piotrowski.

N° 8. Pin de Riga, graines des Barres, des lots Zigra et Helmund.

N° 24. Pin silvestre, graine d'un sujet pyramidé à Verrières, près Paris (section *a* par le port et *b* par l'écorce).

b. Pin de Riga pyramidé-élargi.

N° 9. Pin de Riga, d'une plantation existant à Guipavaz, près de Brest, graine envoyée par M. Ferdinand Noël, de Brest.

N° 10. Pin de Riga, de M. Pennanech, de Morlaix.

N° 11. Pin de Riga, de M. Poussou d'Hollande, de Bergerac.

N° 12. Pin de Riga, de M. Bathedat, de Vic.

N° 13. Pin silvestre, graine d'un arbre du jardin de M. Picot-Lapeyrouse.

Lots appartenant à la fois à cette section et aux suivantes c *et* d.

N° 16. Pin d'Écosse, d'une plantation près de Louvain, par M. Stappaert (section *b* et *c*).

N° 19. Pin d'Écosse, de M. James Reid, d'Aberdeen (section *b* et *d*).
N° 20. Pin d'Écosse, de M. W. Malcolm (section *b* et *d*).
N° 14. Pin silvestre, graine d'un sujet à branches demi-horizontales, à Verrières, près Paris (section *b* et *d*).

c. Pin d'Haguenau.
N° 15. Pin de la forêt d'Haguenau, par M. U. Nebel.
N° 17. Pin silvestre de Darmstadt, par M. Keller.
N° 18. Pinus silvestris montana, par M. Keller (intermédiaire entre *c* et *e*).

Lot appartenant à cette section et à la suivante d.

N° 23. Pin de Champagne, par le vicomte Ruinart de Brimont.

II. *Branches horizontales.*

d. Pin de Genève étagé-élancé.
N° 28. Pin de l'Ardèche, par M. Jacquemet-Bonnefont, d'Annonay.
N° 26. Pin de Genève, par Mme veuve Filliol, de Genève.
N° 27. Pin de Tarare, du vicomte Posuel de Verneaux.
N° 29. Pin silvestre du Maine, de M. Marcellin Vétillart.
N° 25. Graine d'un sujet à branches étalées, de Verrières.
N° 32. Pin silvestre donné comme Pin de Riga par M. Leblond, de Bordeaux.
N° 33. *Pinus sanguinea*, de M. Ferrières, de Toulouse.

e. Pin de Genève ramassé, Pin de Briançon.
N° 30. Pin de Briançon envoyé sous le nom de Pin *suffis*, par M. Faure.
N° 21. Pin d'Écosse, par M. Lawson, d'Édimbourg.

COMPARAISON ET APPRÉCIATION DES LOTS COMPOSANT LA COLLECTION.

I. *Branches ascendantes.*

a. Branches ascendantes fastigiées, *ou* Pin silvestre pyramidé-élancé.

N° 1. Pin de Riga, par M. Zigra.

Des différents lots que j'ai reçus directement de Russie, celui-ci offre le type le plus franc de la race pyramidée-élancée. La masse présente les caractères suivants : *tige*, dans presque tous les lots, parfaitement verticale, soutenant bien sa grosseur, souvent presque cylindrique jusqu'à moitié et plus de sa hauteur; *couronnes* régulières et symétriques, composées de branches peu fortes, sensiblement égales entre elles. Forme générale pyramidée-élancée, qui rappelle le port du Peuplier d'Italie. *Ecorce* d'un jaune rougeâtre prononcé, à partir de 1 à 2 mètres au-dessus du sol, se détachant par écailles; celle du pied, moins brune et moins gercée que dans la plupart des autres lots.

La *pousse* beaucoup plus hâtive que celle de l'Haguenau, et beaucoup plus (de dix à quinze jours) que celle des Pins de Genève, de l'Ardèche et de leurs analogues. Elle est d'un vert pâle et nullement rougeâtre; *la feuille*, moins glauque, moins longue et plus droite que celle du Pin d'Haguenau, plus dressée contre la branche. Elle est, au contraire, plus longue et moins large que dans ceux de la race de Genève.

Le *cône* est plus petit et plus court que celui particulièrement des Pins de Genève et analogues; il est généralement gris, rarement un peu violacé; la pyramide des écailles peu saillante.

Le *bourgeon* varie du jaunâtre au rougeâtre; il est moins gros et moins résineux que dans la plupart des lots de la race horizontale; la couleur des chatons mâles varie du jaunâtre au rouge pâle.

2. Pin de Riga, graine de Riga, par M. Helmund.

Identique, ou à très-peu près, au nº 1, auquel j'aurais pu, à la rigueur, le réunir. Je le mentionne à part cependant, par la raison qu'il forme sur le terrain des massifs séparés, et surtout parce que, dans l'un de ceux-ci, de la même provenance, mais d'une année différente, la proportion des arbres à branches écartées ou même horizontales est plus forte que dans le nº 1. J'aurai occasion de revenir plus loin sur ce fait dont la série des Pins de Russie offrira d'autres exemples.

4. Pin de Witepsk : reçu de M. Wagner, de Riga.

En 1838, M. Wagner, marchand de graines et pépiniériste à Riga, m'a envoyé quelques cônes provenant de quatre des provinces de la Russie connues pour fournir de beaux Pins de mâture. Quoique les sujets qui en sont résultés soient peu nombreux, et plus jeunes de dix à quinze ans, que mes premiers Pins russes, je crois devoir les classer au moins provisoirement, d'après leur apparence actuelle.

Celui de Witepsk, par la régularité et la direction très-ascendante de ses couronnes et par l'ensemble de ses caractères, appartient évidemment à la section des pyramidés-élancés; il deviendra très-probablement identique au nº 1. Les trois autres, moins uniformes de caractère, se trouveront dans la section suivante.

b. Branches ascendantes, écartées, ou Pin silvestre pyramidé-élargi, à couronnes régulières.

3. Pin de Smolensk, par M. Wagner.

Ce lot se distingue des trois autres du même envoi, en ce que la direction des branches y est très-diverse ; sur neuf individus dont il se compose, trois les ont horizontales et très-allongées. Des six autres, deux sont des types excellents de Pin pyramidé-élancé et quatre appartiennent à la forme pyramidé-élargie régulière. Malgré ces différences, tous, à une ou deux exceptions près, montrent jusqu'à présent les caractères essentiels des meilleurs

Pins du Nord; la tige est nette et très-élancée, ses couronnes régulières, et enfin l'écorce fine et d'une couleur rougeâtre prononcée.

Le mélange de sujets à branches horizontales donne à ce lot, si peu nombreux qu'il soit, un intérêt particulier pour les études ultérieures.

5. Pin de Wilna.

Sept arbres seulement composent ce lot; leurs couronnes sont, en général régulières, mais sensiblement plus fortes, plus larges et plus fournies que dans aucun des précédents numéros. La base de la tige est plus grossière et recouverte d'une écorce plus brune et plus gercée; au total, c'est un Pin très-vigoureux, mais qui, si on pouvait juger sur un aussi petit nombre, fournirait une moindre proportion de tiges parfaitement régulières que les précédents.

Sa véritable place aurait été vers la fin de la section *b*, parmi ceux qui forment la liaison entre elle et les P. d'Haguenau (sect. *c*, couronnes irrégulières) pour les comparer entre eux; mais j'ai pensé qu'il valait mieux laisser réunis tous les lots de provenance russe directe.

6. Pin de Tschernigoff, par M. Wagner.

Lot de 12 arbres généralement bons ou très-bons. Il se rapproche du nº 4 (Pin de Witepsk), et je l'avais, dans de premières vérifications, placé à sa suite, parmi les pyramidés-élancés; mais ses couronnes, quoique restées régulières, ayant pris plus tard beaucoup plus de force et d'extension, il se classe mieux aujourd'hui parmi les pyramidés-élargis dont il est un des bons types.

7. Pin de Volhynie, par M. Piotrowski.

La Volhynie étant une des provinces russes qui, d'après les renseignements que j'ai dus à M. de la Roquette, fournissent les plus beaux Pins de mâture, j'ai été très-heureux de rencontrer dans ma vie un propriétaire de ce pays, M. Camille Piotrowski, amateur aussi éclairé qu'obligeant, qui a bien voulu m'en envoyer des graines. Les arbres de cette provenance sont de beaucoup les plus jeunes de ceux que j'ai reçus directement de Russie; ils n'ont aujourd'hui que dix ans de plantation, mais on peut prévoir déjà qu'ils seront au nombre des meilleurs de la collection. Dans leurs premières années, ils avaient une ressemblance si frappante avec ce qu'avaient été au même âge ceux de Riga des nos 1 et 2, que je ne doutais pas qu'ils ne fussent de même race; mais depuis deux ou trois ans ils ont commencé à prendre une physionomie particulière : de faibles et d'apparence souffrante qu'ils étaient d'abord, ils sont devenus extrêmement vigoureux; leurs feuilles se sont allongées de beaucoup; leur teinte, d'un vert pâle, est devenue (sur les rameaux de l'année) d'une nuance glauque prononcée. Enfin plusieurs, dont les premières couronnes avaient été très-symétriques, ont produit (celles des années dernières) des gourmands très-vigoureux et qui tendent à déformer la tige.

J'attribue ce changement à ce que les racines, ayant traversé la couche de glaise qui est très-près de la surface dans ce terrain, seront arrivées à un sous-sol sableux éminemment favorable à leur croissance, puis aussi à ce que, plantés comme sont ces arbres sur une longue ligne faisant face au midi, cette position aura contribué à donner à une partie des branches un développement extraordinaire. Malgré ces conditions défavorables, le plus grand nombre ont conservé jusqu'ici, dans leur tige, leurs couronnes et leur écorce, les caractères des meilleurs Pins du Nord, et, tout en regrettant beaucoup de ne les avoir pas mis en massifs, je ne doute pas qu'une partie au moins d'entre eux ne soit un jour au nombre des plus beaux Pins silvestres de l'École. D'un autre côté, ce lot sera d'autant plus intéressant à suivre, qu'il est en nombre suffisant pour fournir à des études un peu concluantes; il comprend environ 400 individus.

8. Pin de Riga, graines des Barres, des lots Zigra et Helmund.

Lorsque mes Pins de Riga de provenance directe ont commencé à donner des graines, j'en ai fait récolter dans la vue de reconnaître si la race se reproduirait avec ses caractères. Les plants qui en sont résultés, bien qu'ils ne puissent être jugés encore avec certitude, ont, en général, une analogie prononcée avec leurs pères. Un certain nombre cependant, présentant quelques défectuosités dans la tige ou par leurs couronnes trop fortes, je n'ai pas voulu les placer dans la 1re série et les ai mis provisoirement dans la seconde, qui contient beaucoup de lots encore jeunes, et qui ne peuvent être jugés qu'approximativement. Quelle que doive être la place définitive de celui-ci, la masse s'annonce, quant à présent, comme très-bonne.

9. Pin de Riga, d'une plantation existant à Guipavaz, près de Brest.

De même que les précédents et les autres Pins de Riga ou du Nord dont il me reste à parler, celui dont il s'agit ici provient de graines françaises. L'origine des arbres de cette catégorie étant le premier point à établir à leur sujet, j'en parlerai d'abord pour ce qui concerne celui-ci. Les graines m'en ont été envoyées par M. Noël, jardinier du jardin botanique de la marine, qui les avait fait récolter sur une plantation existant à Guipavaz, près de Brest, laquelle avait été établie elle-même au moyen de graines rapportées du Nord en 1802 par un officier de marine. M. Noël n'avait aucun doute sur cette origine, qui était de notoriété générale dans le pays.

Voici maintenant ce que sont ces arbres dans mes plantations, où il en existe plusieurs massifs. Leur tige est généralement bien verticale et élancée, mais elle l'est moins que dans les Rigas des nos 1 et 2, ce qui tient à ce que les branches sont sensiblement plus allongées et plus fortes. Les couronnes sont cependant régulières dans la plupart. L'écorce rouge commence, en général, un peu plus haut que dans les pyramidés-élancés; elle est d'une teinte un peu plus pâle, mais assez prononcée cependant pour que le Pin appartienne bien certainement aux Pins rouges du Nord. Il est, du reste, remarquable par sa grande vigueur et constitue dans son ensemble un des bons échantillons de la variante pyramidée-élargie (feuille plus longue et plus glauque que celle des lots Zigra et

Helmund, se rapprochant de celle d'Haguenau; cône plus allongé, plus étroit dans la moitié supérieure).

10. Pin de Riga, de M. Pennanech.

Celui-ci est également un Pin d'origine russe cultivé en Bretagne. Il m'a été donné par feu M. Pennanech, de Morlaix, qui en avait tiré les graines du Nord, et en avait fait une plantation sur sa propriété. L'ensemble du lot a des rapports assez marqués avec celui de Guipavaz. Il en diffère principalement, en ce que les couronnes horizontales y sont plus nombreuses et que son écorce est plus uniformément et plus franchement rougeâtre, se rapprochant beaucoup de celle des n°s 1 et 2. Pendant les premières années, ce lot a eu une ressemblance marquée avec le Pin écossais de James Reid (n° 19), mais aujourd'hui il présente bien plus que lui, par son écorce et par ses tiges, le caractère des très-bons Pins du Nord.

Parmi ses variantes, car il en a de nombreuses, sous le rapport particulièrement de la direction de ses branches, on rencontre çà et là des individus qui sont des modèles admirables du type pyramidé-élancé. Au total, la masse est très-bonne, malgré le manque d'uniformité que je viens de signaler.

13. Pin silvestre, d'un arbre du jardin de M. Picot-Lapeyrouse.

Ce lot peu nombreux, car il ne se compose que d'une dizaine d'individus, réclame cependant une mention un peu détaillée à raison de l'intérêt qu'il comporte par lui-même et par l'incertitude de son origine première. A une époque où j'étais très-occupé de rechercher le véritable *Pinus uncinata* de Ramond, je m'adressai, entre autres personnes, à M. Ferrières, jardinier en chef du jardin botanique de Toulouse. Il me répondit qu'il pourrait me le procurer sûrement, attendu que dans le jardin de M. Picot-Lapeyrouse il existait un arbre de cette espèce, rapporté par le botaniste d'une de ses excursions dans les Pyrénées, et qui produisait des cônes. J'acceptai, et il m'en envoya. Ces cônes ressemblaient tout à fait à ceux du *Pinus silvestris*; je les semai cependant et, bien que les

4

plants m'eussent fait reconnaître qu'il y avait eu certainement erreur, j'en plantai une ligne dans l'École. Les arbres qui ont aujourd'hui vingt-huit ans et 15 mètres environ de hauteur, sont de très-beaux Pins rouges du Nord, de la section des pyramidés-élargis ; ils ressemblent beaucoup aux Pins de Riga de Guipavaz, auxquels on pourrait les assimiler.

Malgré le désappointement qu'ils m'ont causé, ces arbres m'ont toujours inspiré beaucoup d'intérêt, sous le rapport, surtout, de la question que faisait naître leur origine première. On pouvait supposer que l'arbre du jardin de M. Picot-Lapeyrouse avait été raporté par lui des Pyrénées, ainsi que le croyait M. Ferrières ; en ce cas, il en résultait que sur quelque point de ces montagnes il existait des Pins silvestres tout à fait semblables à ceux de Russie et appartenant à la même race. Si, au contraire, l'arbre provenait d'un plant du Pin du Nord reçu par M. Lapeyrouse n'importe d'où (il avait, comme directeur du Jardin botanique, des relations étendues avec les établissements de même nature et avec les amateurs), la conséquence à en tirer ne serait pas moins importante : c'est qu'un Pin de cette race, planté et élevé sous le climat de Toulouse, aurait conservé assez son caractère originel pour que les arbres provenus de lui soient aujourd'hui, dans les plantations des Barres, comparables aux bons lots de provenance russe directe.

Ces questions, comme on le voit, touchent d'assez près aux applications pratiques pour que j'aie pu, à bon droit, m'arrêter sur les détails qui s'y rapportent.

Une circonstance due au hasard ajoute encore à l'intérêt de ces Pins de M. Picot-Lapeyrouse ; c'est qu'ils sont plantés tout contre un petit massif de Pins de Briançon ou des Hautes-Alpes, avec lesquels ils contrastent d'une manière frappante. Un coup d'œil jeté sur les deux lots plantés le même jour suffirait pour convaincre les plus incrédules qu'il existe, dans le Pin silvestre, des variétés bien tranchées indépendantes des différences dues aux effets du sol et du climat.

15. Pin de Riga de M. Poussou.

Les semis de Pins de Russie faits, par M. Poussou d'Hollande, sur sa propriété près de Bergerac, sont connus depuis longtemps par la mention qu'en a faite M. Delamarre dans son ouvrage sur les Pins (1). M. Poussou fils a bien voulu me donner une provision de graines recueillies sur les arbres de cette création, et c'est d'elles que provient le massif dont il s'agit ici.

Ces Pins, plantés en 1840, ne peuvent être classés encore bien sûrement; ils sont très-vigoureux, trop vigoureux même, et appartiendront probablement à cette variante de Pins du Nord qui pèchent par excès de force, et tendent à rapprocher cette race de celle d'Haguenau. La proportion des sujets bien réguliers y est, toutefois, quant à présent, sensiblement plus forte que dans celle-ci. Ce lot, quand il sera plus âgé, me paraît devoir se rapprocher beaucoup, par sa qualité, de celui de Guipavaz.

16. Pin silvestre reçu de Louvain, présumé d'origine russe.

Les graines qui ont fourni le lot m'ont été envoyées par un amateur de Louvain, M. Stappaert, comme provenant d'une très-belle plantation, résultant elle-même de graines tirées de Russie. Le caractère des arbres rend, en effet, cette opinion probable. J'ai hésité, toutefois, avant de m'y arrêter. De deux envois que m'a faits M. Stappaert, l'un a produit des arbres qui, beaucoup trop espacés, à la vérité, par suite de manques nombreux, sont de véritables Haguenau à tige très-forte, mais déformée souvent par d'énormes gourmands; l'autre, semé en place, a, au contraire, généralement les tiges très-droites et élancées, bien proportionnées, des couronnes fortes et larges aussi, mais symétriques; l'écorce franchement rougeâtre; enfin les caractères de ces Pins du Nord que l'excès de vigueur rend très-inégaux, mais dont le fond cependant appartient encore sensiblement à la race. J'ai donc conservé

(1) *Traité pratique de la culture des Pins, etc.*

celui-ci dans cette série, comme celle à laquelle il se rapporte le mieux.

19. Pin d'Écosse, de M. James Reid.

Le Pin d'Écosse devait nécessairement faire partie de la collection dont je rends compte ici, puisqu'il est censé être le type de l'espèce, ou que du moins c'est lui qui en a fourni le nom vulgaire sous lequel celle-ci a été bien longtemps exclusivement connue, et qui encore aujourd'hui est très-usité, en Angleterre particulièrement. J'ai donc fait venir d'Écosse des graines et des plants. Ceux-ci, qui forment le lot principal, les graines n'ayant presque pas réussi, m'ont été fournis par un pépiniériste très-estimé d'Aberdeen, M. James Reid. Les arbres qui en sont résultés sont beaucoup trop espacés, parce que les vers blancs en ont détruit une grande partie.

Voici, quoi qu'il en soit, ce qu'ils présentent aujourd'hui.

De tous les lots de silvestres de l'École, celui-ci est peut-être le plus difficile à classer; il ne se rapporte un peu bien à aucune des divisions que j'ai établies. C'est un mélange de Pins pyramidés-élancés (ceux-ci dans une très-faible proportion), de pyramidés-élargis, les uns réguliers, les autres à fortes couronnes gourmandes, et enfin de ceux de la race de Genève, à branches horizontales. L'écorce, dans un assez grand nombre de sujets, est d'un rouge douteux et mêlé de gris. Sa proportion un peu prédominante se rapprochant plus, toutefois, de la série *b* que des autres, je le place parmi les derniers lots de cette division, ce qui est encore motivé par ceci que, malgré leur extrême diversité, les Pins écossais ont assez généralement la tige verticale et les couronnes, quoique fortes, rarement aussi déformées par les gourmands que dans l'Haguenau. Sous le rapport de la quantité, l'ensemble est plutôt bon que mauvais.

Telle est l'appréciation, aussi exacte que j'ai pu la donner, du principal lot de Pins écossais des Barres. Je dois, du reste, répéter ce que j'ai déjà dit ailleurs; je parle ici uniquement des arbres que j'ai sous les yeux, et n'entends aucunement par là juger tous les Pins du sol de l'Écosse, ni même du comté d'Aberdeen d'où viennent ceux-ci.

20. Pin d'Écosse de M. Wm Malcolm.

Ce second échantillon de Pin écossais est presque nul pour l'étude. Il consiste seulement en une ligne mal garnie comprenant une douzaine d'individus dont la moitié sont des remplacements faits après plusieurs années et fort en arrière des autres. Quatre à cinq des anciens sont à demi Rigas par leur tige élancée et régulière; mais leurs branches sont horizontales ou presque, et leur écorce n'est qu'à demi rougeâtre. Les autres ressemblent tout à fait aux Pins de Genève et de l'Ardèche, et ont jusqu'à présent l'écorce grise.

Observation. — Deux autres lots de Pins écossais, sous les n°s 21 et 22, l'un de Pin ordinaire, l'autre de Pin horizontal d'Europe, ont encore plus mal réussi et sont comme nuls.

24. Pin silvestre, graine d'un sujet pyramidal de Verrières.

Deux des lots de l'École, le n° 24 dont il s'agit ici, et le n° 25 que l'on trouvera plus loin dans la série des Pins de Genève, ont eu pour objet spécial une expérience dont voici l'exposé : Une des notions essentielles à acquérir au sujet du Pin silvestre consiste à savoir si les variations naturelles des individus se reproduisent, dans leur descendance, dans une proportion suffisante pour que l'on puisse tirer de là des applications utiles en pratique. Il en est généralement ainsi dans la nature, mais toutes les espèces ne se comportent pas absolument de même sous ce rapport ; on ne peut en être assuré pour chacune en particulier que par des épreuves directes.

J'en ai pu faire une au moyen de deux arbres de port très-différent que j'avais sous la main, dans un jardin, à Verrières, près Paris ; l'un formant une pyramide un peu épaisse et élargie, mais bien ascendante et régulière ;

l'autre étendant ses branches horizontalement, de manière à laisser la tige à nu entre les couronnes. J'ai fait récolter et semer séparément les graines de ces deux arbres, et leurs produits, plantés en regard, figurent aujourd'hui dans l'École. Tous deux ont conservé leurs caractères originaires d'une manière très-marquée; les deux tiers et plus des individus ont les couronnes ascendantes et pyramidées dans le premier lot, tandis qu'elles sont écartées et horizontales dans le second.

Cette expérience étant, de beaucoup, le côté le plus intéressant de ces deux lots, je m'étendrai peu sur ce qui les concerne ailleurs.

Le Pin pyramidé de Verrières, n° 24, se compose très-généralement d'arbres bons et promettants, à tige droite et à couronne régulière; l'écorce est seulement d'un rouge moins prononcé que dans les excellents Rigas, ce qui le rapproche du Pin de Guipavaz, ou encore des sujets d'élite du Pin écossais de M. James Reid, n° 19.

Branches ascendantes, écartées, à couronnes irrégulières et branches souvent gourmandes.

c. 15. Pin d'Haguenau.

Plusieurs massifs provenant de graine tirée directement d'Haguenau; les uns semés en place, les autres plantés, de 1823 à 1831.

Le trait caractéristique et le défaut principal du Pin d'Haguenau consistent dans l'excès de sa vigueur et surtout d'une vigueur mal répartie, qui se porte trop souvent dans les branches aux dépens de la tige. C'est par là qu'il diffère essentiellement des Pins de Riga francs. Sa tige est, en général, beaucoup moins verticale et moins régulière, souvent cambrée, déjetée ou dégrossissant brusquement par l'effet d'énormes branches gourmandes qui se projettent au loin et détruisent toute la régularité de l'arbre. Dans une variante qui se rencontre fréquemment, l'arbre est plus ramassé, le port général plus régulier; mais les couronnes, beaucoup trop fortes, transforment la cime en une pyramide excessivement épaisse et touffue, au milieu de laquelle la tige se perd presque.

D'un autre côté, la couleur rougeâtre de l'écorce est moins uniforme et moins prononcée que dans les bons lots de Riga; elle commence généralement 1 à 2 mètres plus haut; assez souvent même, l'écorce, sur tout le corps de l'arbre, est grise ou très-mêlée de gris plutôt que de rougeâtre. Celle de la base est plus brune, plus épaisse et plus gercée.

Tels sont, en général, les Pins d'Haguenau dans l'École des Barres. On voit par là que cette variété n'est pas identique, ainsi que Bosc et, avec lui, plusieurs forestiers l'ont pensé, au Pin de mâture du Nord, et que d'un autre côté, malgré sa supériorité en vigueur et en promptitude d'accroissement, elle lui est de beaucoup inférieure en qualité.

A la vérité, on trouve dans la masse des Haguenau quelques individus qui font exception, tout à fait réguliers de tige et de couronne, à écorce franchement rouge et conservant, en même temps, la supériorité de vigueur propre à leur race. Ceux-là peuvent être comparés aux meilleurs Pins du Nord de la série à fortes couronnes (celle des pyramidés-élancés). Aussi, lorsque l'on en viendra, si cela arrive, à créer, par le choix des individus, les meilleures races possibles, certaines variantes de celle-ci offriront-elles, au besoin, de très-bons points de départ pour arriver à ce résultat.

Indépendamment des différences que j'ai indiquées plus haut, le Pin d'Haguenau se distingue des Rigas, de ceux surtout de la première série, par sa feuille plus longue, plus écartée du rameau, ordinairement un peu courbe ou contournée, d'un vert plus glauque; par sa pousse, plus tardive au printemps, d'environ huit jours. Son bourgeon est un peu plus coloré, ses cônes d'un gris moins uniforme, souvent d'une teinte un peu violacée, terne ou rougeâtre; mais les caractères tirés soit des bourgeons, soit des cônes, ne sont pas assez tranchés, ni surtout assez constants pour fournir de bons moyens de distinction; du moins n'y en ai-je pas trouvé. C'est donc essentiellement sur ceux que j'ai donnés plus haut, que je me suis fondé pour séparer l'Haguenau des Rigas et en faire le type de la 3e série.

17. Pin silvestre de Darmstadt, par M. H. Keller.

Semis en place, 1831; une ligne plantée, 1833.

Mêmes défauts et mêmes qualités que le précédent; forme désordonnée, irrégulière; tige épaisse et vigoureuse, mais souvent noueuse et déformée par les gourmands; l'écorce peu franchement rouge, quelquefois même grise sur toute la hauteur. De même que dans l'Haguenau, il y a, dans celui-ci, des individus exempts des défauts de la masse, et promettant, pour l'avenir, de très-beaux et bons arbres, ou qui même le sont déjà; mais ceux-là sont en petit nombre.

18. *Pinus silvestris montana*. — De M. Keller, de Darmstadt.

Une ligne plantée en 1833.

Celui-ci, par sa famille et la plupart de ses caractères, me paraît ne pouvoir être classé que parmi les Haguenau, mais dans un rang inférieur aux deux précédents.

Quoique ses couronnes soient moins gourmandes que les leurs, sa tige est encore plus défectueuse, moins grosse d'abord, puis fortement coudée, dans la moitié et plus des individus; enfin l'écorce est grise ou brune dans presque tous.

Ce Pin est un de ceux qui démontrent nettement que, dans l'espèce des *Pinus silvestris*, il existe des variétés locales et de mauvaises variétés, qu'il importe d'éviter dans les créations de bois de cette nature.

Lot intermédiaire entre les séries c *et* d.

23. Pin silvestre de Champagne, de M. le vicomte Ruinart de Brimont.

Quatre lignes semées en 1831 (1).

Les graines qui ont servi à établir ce lot m'ont été données par M. le vicomte Ruinart de Brimont, un des principaux créateurs de bois de Pins dans les craies de la Champagne, et provenaient de ses plantations. Les arbres qui en sont résultés n'ont point de caractère de race et ne peuvent être bien classés dans aucune des séries que j'ai établies. Au premier aspect ils font l'effet d'un mélange de Pins d'Haguenau peu vigoureux et de Pins de l'Ardèche (race de Genève ci-après).

Examinés de plus près, on reconnaît que la plupart sont plutôt des intermédiaires entre les deux. Sous le rapport des tiges, des couronnes et de l'écorce, ils sont, en général, plutôt passables ou médiocres que bons ou très-bons.

II. *Branches horizontales.*

Section *d*. Pin silvestre horizontal étagé-élancé.

26. Pin de Genève, par Mme veuve Filliol, de Genève. (Une ligne plantée en 1833 et 1835.)

27. Pin de Tarare, par M. le vicomte Posuel de Verneaux. (Un lot planté en 1840.)

28. Pin de l'Ardèche, par M. Jacquemet-Bonnefont, d'Annonay. (Plusieurs massifs semés ou plantés de 1823 à 1832.)

Ces trois lots, quoique d'âges différents, m'ont toujours paru identiques; je les réunis donc dans une même des-

(1) J'ai fait, avec ce même Pin de M. Brimont, d'autres essais en terre calcaire, dont je rendrai compte plus loin, dans les observations plus particulièrement relatives à la culture.

cription. Je la prendrai de préférence sur le Pin de l'Ardèche, parce qu'étant le plus âgé des trois, et de beaucoup le plue nombreux dans l'École, c'est lui qui représente le mieux la série à laquelle il appartient, et qui peut en donner l'idée la plus exacte.

Les tiges, dans cette race, sont, pour moitié environ, assez droites et élancées, mais dégrossissant trop et filant *en queue de rat;* l'autre moitié présente des courbes plus ou moins prononcées, moins fortement cependant que dans les mauvais types de P. d'Haguenau et dans le silvestre des Hautes-Alpes (section ci-après). Les branches, sauf celles des deux ou trois couronnes supérieures, sont très-généralement horizontales et parfois retombantes, peu fortes, très-allongées, souvent flexueuses; celles des étages inférieurs presque nues, se ramifiant en brindilles faibles qui portent à leur extrémité de petites houppes de feuilles courtes et écartées; celles des branches montantes sont, au contraire, très-appliquées contre le rameau. Les couronnes, de force à peu près égale, sont régulièrement étagées, de manière à laisser voir la tige à nu entre leurs intervalles.

L'écorce est, en général, plus grise que rouge, très-souvent d'une nuance indécise entre les deux. Celle de la base est sensiblement moins épaisse, moins brune et moins gercée que dans le P. d'Haguenau. Sous le rapport du grossissement, ce Pin est inférieur aux Rigas de graine russe n°s 1 et 2; beaucoup plus encore aux Rigas français, n°s 9 et 10, etc.; mais, par dessus tout, aux lots de la section des Haguenau, qui, à âge égal, ont presque le double de sa grosseur. Son accroissement en hauteur est également moindre que dans tous ceux que je viens de nommer; il ne l'emporte, à cet égard, que sur son analogue le Pin de Briançon (n° 30 ci-après).

Un caractère botanique à peu près constant dans les Pins de cette série, est que leur feuille est plus courte, plus large et plus ferme que dans les autres, et surtout que dans l'Haguenau. Leur pousse, au printemps, est plus tardive de huit à quinze jours que celle de ce dernier, et surtout que celle des Pins de Russie.

Les exceptions aux caractères généraux que je viens d'indiquer consistent principalement en ce qui suit : un petit nombre d'individus sont pyramidés-élancés, aussi réguliers que les Pins russes du nº 1. D'autres, un peu plus nombreux, sont pyramidés-élargis, les uns réguliers, les autres avec de fortes branches gourmandes. Les individus de ces variantes, à cela près de ceux à couronnes gourmandes, ont un avantage assez marqué sur les autres sous le rapport de l'accroissement en hauteur, mais aucun sous celui du grossissement. L'écorce n'y est pas non plus sensiblement meilleure que dans la masse; on trouve de loin en loin, parmi celles-ci, des arbres dont l'écorce est d'un ton rougeâtre, décidé et uniforme; mais cette exception n'est pas plus fréquente dans les pyramidés que dans les horizontaux.

En résumé, le Pin de l'Ardèche est, ou du moins se montre, quant à présent, inférieur, du tout au tout, aux Pins rouges du Nord, soit de graine russe ou de graine française. Il ne vaut pas non plus, à beaucoup près, celui d'Écosse, si inégal que soit celui-ci; comparé à l'Haguenau, il peut laisser des doutes, parce qu'il est exempt des plus gros défauts de cette race; mais il n'a pas non plus ses qualités et, en somme, l'Haguenau me paraîtrait (à défaut de mieux) préférable, pour la plupart des cas, pour celui surtout où il s'agirait de planter ou semer, en Pin silvestre, de mauvaises terres sèches, soit sablonneuses, soit calcaires.

29. Pin silvestre du Maine, par M. Marcelin Vétillart (massif sur quatre lignes, planté en 1830).

Le Pin silvestre n'existant dans le Maine que comme arbre cultivé, les plantations de cette espèce que l'on y rencontre proviennent nécessairement d'origines diverses et ne constituent pas une race locale. Le désir de multiplier les points de comparaison m'a engagé cependant à en planter un lot, dont j'ai dû les graines à l'obligeance de M. Vétillart.

Ces Pins appartiennent à la race de l'Ardèche et de Genève, mais ils offrent une proportion plus forte de bons et d'assez bons arbres, et l'écorce y est plus fréquemment d'un gris rougeâtre assez prononcé. C'est un bon type de cette race, vraisemblablement améliorée dans le Maine, par le choix successif des individus. Je reviendrai plus loin sur ce sujet, qui importe beaucoup à l'avenir forestier de la France.

25. Pin silvestre, graine d'un sujet à branches étalées, existant à Verrières (quatre lignes plantées, 1832-1835).

J'ai donné plus haut, à l'article du Pin pyramidé de Verrières, nº 24, l'historique, en commun, de celui-là et de celui à branches étalées dont il s'agit ici. On a vu dans quel but d'expérience j'ai semé et planté comparativement ces deux arbres. L'un et l'autre ont produit dans une forte proportion, ainsi que je l'ai dit, des individus semblables à eux-mêmes. Ceux du lot à branches étalées ont les caractères bien prononcés des Pins de Genève; les branches, dans presque tous, sont horizontales, l'écorce grise ou très-peu rougeâtre. Ils sont, du reste, assez vigoureux et au nombre de ceux qui s'annoncent le mieux dans cette série.

Section e. *Pin silvestre horizontal ramassé.*

30. Pin de Briançon ou des Hautes-Alpes, par M. Faure, de Briançon (trois lignes plantées, 1826).

Cet arbre, qui constitue seul la cinquième section, a été donné à M. Faure, qui a eu la bonté de m'en faire récolter des graines, comme étant le *P. suffis* du Briançonnais; ce devait dès lors, si Duhamel ne s'est pas trompé sur l'application de ce nom, être un *P. mugho*. Mais, soit erreur de Duhamel ou des hommes qui ont ramassé les cônes, les Pins provenant de cette récolte sont de véritables *silvestres*. Je n'en ai point regret, car la collection se trouve ainsi posséder les deux types extrêmes (celui-là et le Pin de Riga élancé) qui existent dans l'espèce du *Pinus silves-*

tris, ceux dont la comparaison démontre, avec le plus d'évidence, l'existence de variétés locales et la nécessité de les distinguer.

Une tige épaisse, noueuse, ramassée, recouverte d'une écorce grossière et très-gercée, brune dans la partie inférieure, grise sur le reste de l'arbre; des couronnes horizontales, très-rapprochées, garnissant l'arbre dès sa base, composées de fortes branches, souvent flexueuses, qui affament et parfois annulent la tige, et dont l'ensemble forme une tête élargie et diffuse ; tels sont, à cinq ou six exceptions près, sur une trentaine d'individus dont se compose le lot, les Pins silvestres des Hautes-Alpes.

On voit par là qu'ils sont au dernier rang parmi ceux de leur espèce, et que l'on doit, dans les créations de bois de Pins, éviter cette race. Cette exclusion, cependant, ne s'étend pas à tous les cas possibles; il en est un où non-seulement le Pin de Briançon peut devenir utile, mais meilleur que tous ceux de son espèce; c'est celui où il s'agirait de plantations sur les pentes des montagnes ou sur leurs plateaux exposés à la violence des vents. Son peu de disposition à s'élever, l'épaisseur de sa base, la force de ses branches inférieures qui persistent pendant de longues années, tapissant presque le sol, le rendent plus propre qu'aucun autre des Pins silvestres à résister et à réussir dans de pareilles situations. Aussi, lorsque l'on s'occupera du reboisement des montagnes, le Pin de Briançon pourra-t-il y être employé avec grand avantage, conjointement avec le ***Mugho*** : le premier, pour garnir la région moyenne des escarpements; le Mugho, pour la zone supérieure; car ce sont là les places respectives que la nature leur a assignées sur les pentes des montagnes.

TABLE DES MATIÈRES

Paris. — Imprimerie Félix Malteste et Cie, rue des Deux-Portes-St-Sauveur, 22.

www.ingramcontent.com/pod-product-compliance
Ingram Content Group UK Ltd.
Pitfield, Milton Keynes, MK11 3LW, UK
UKHW022133260726
13993UKWH00003B/1404